蔬菜无土栽培技术的探究

游业强　李安谱　李丹枫 / 主编

哈尔滨出版社
HARBIN PUBLISHING HOUSE

图书在版编目（CIP）数据

蔬菜无土栽培技术的探究 / 游业强，李安谱，李丹枫主编. -- 哈尔滨：哈尔滨出版社，2024. 6. -- ISBN 978-7-5484-7976-5

Ⅰ. S630.4

中国国家版本馆CIP数据核字第2024HL3196号

书　　名：**蔬菜无土栽培技术的探究**
SHUCAI WUTU ZAIPEI JISHU DE TANJIU

作　　者：游业强　李安谱　李丹枫　主编
责任编辑：孙　迪
封面设计：李　娜

出版发行：哈尔滨出版社（Harbin Publishing House）
社　　址：哈尔滨市香坊区泰山路82-9号　　邮编：150090
经　　销：全国新华书店
印　　刷：北京虎彩文化传播有限公司
网　　址：www.hrbcbs.com
E-mail：hrbcbs@yeah.net
编辑版权热线：（0451）87900271　87900272
销售热线：（0451）87900202　87900203

开　　本：787mm×1092mm　　1/16　　印张：6.25　　字数：113千字
版　　次：2024年6月第1版
印　　次：2024年6月第1次印刷
书　　号：ISBN 978-7-5484-7976-5
定　　价：68.00元

凡购本社图书发现印装错误，请与本社印制部联系调换。
服务热线：（0451）87900279

编 委 会

主　编：游业强　李安谱　李丹枫

编　委：王　立　尚艳娇　袁甜甜　陈婉琳　袁晓雪

　　　　谭嘉雯　牛　荣　张　慧　刘广慧　张菲菲

　　　　温凤珠　宋晓娜　胡翠娜　罗李东　何　军

　　　　赖高明　鲁　瑄　杨　超　解斐然　王书晗

　　　　刘静茹　孙　燕　廖晓霞　张晓青　马　艳

　　　　安泽宇　黄柳萍　戎红艳　倪　珊　张　琼

　　　　李　苗　刘　练　李　玟　李卓聪　孙佳菲

　　　　黄淑贤　严唯娜　熊　璐　才东玉　李育婷

　　　　李小芳　王思雨　孔祥雯　张笑容　史雪娇

　　　　蒋　朗　张志聪　欧阳艳琪

目录

课前热身

1. 神奇的无土栽培

现代农业主要体现在技术和管理的创新上，例如人工育种、温室大棚、无土栽培等技术的广泛应用，科技让农业生产改变了模样。我们再也不需要"听天由命"。比如，在南极有许多国家的科考团队，但是南极的气候寒冷，大部分地面被冰雪覆盖，无法种植植物。科考团队就是靠现代农业技术解决一日三餐中必不可少的蔬菜的种植问题的。

南极科考站

其实，无论是寒冷的南极，还是干旱的沙漠，无论是以前寸草不生的盐碱地，还是远在太空的航天站，都能种出美味的蔬菜。

科学家们是怎么做到的呢？原来他们采用现代农业无土栽培技术解决了土地贫瘠地区的蔬菜种植难题。

无土栽培，是指以水、草炭（或森林腐叶土）、蛭石等介质做植株根系的基质固定植株，植物根系能直接接触营养液的栽培方法。在光照、温度适宜而没有土壤的地方，如沙漠、海滩、荒岛，只要有一定量的淡水供应，便可进行。

无土栽培一般可以分为两大类，分别是基质栽培法和无基质栽培法。

阅读了上面的材料，结合以前种植植物的经验，完成下面的调查表。

调查项目　　　　调查结果（在相应的□内打"√"）

1. 你种植过蔬菜吗？

　　□有　□没有

2. 你知道蔬菜生长的条件有哪些？

　　□空气　□水分　□温度和光照　□营养

3. 你见过种在哪里的蔬菜？

　　□土中　□水中　□基质中

4. 你尝试过在没有土壤的情况下种植蔬菜吗？

　　□有　□没有

5. 你知道蔬菜为什么能在没有土壤的情况下生长吗？

　　□知道　□不知道

问题板

关于无土栽培，你有哪些想知道的问题？请你写下来并在你最想研究的问题前的"□"上打"√"。

□ 1. 怎样在没有土壤的情况下种植蔬菜？

□ 2. 在没有土壤的情况下种植的蔬菜与在土中种植的蔬菜有什么区别吗？

□ 3. _____

□ 4. _____

入项活动

2. 如何在种植土地匮乏的
情况下种蔬菜

无土栽培技术这么厉害，可以解决土地贫瘠地区的种植难题，那我们是否能利用无土栽培技术，解决深圳因人多地少导致大多数蔬菜无法自主供应的问题呢？

材料： 深圳是特大型城市。2020年深圳常住人口有1756.1万人，实际管理服务人口超过2200万人，近十年深圳人口年均增长约71.4万人。但全市耕地面积仅占深圳总面积的3.4%，95%以上的农产品需要依靠市外基地供给，农产品供应保障压力巨大。

怎样利用无土栽培的方法解决种植土地匮乏的问题，我们一起来讨论。

我们可以通过创造条件代替土壤，完成挑战。

我们也可以利用空间来提高土地的利用率。

我们的挑战

针对上面的问题，我们可以通过刚刚了解的无土栽培技术种植蔬菜，既不需要土壤，又可以节约空间，收获新鲜的蔬菜，供我们家庭的日常食用。

我们的挑战：设计一份在家中/校园进行蔬菜无土栽培的方案

知识链接

立体栽培也叫垂直栽培，是立体化的无土栽培。在不影响种植的条件下，通过吊袋式、槽式、立柱式等形式垂直分层栽培，向空间发展，提高了土地利用率。

在现代农业中，无土栽培因具有基质轻、营养液供系统易实现自动化等特点，最适宜进行立体栽培。随着现代技术的发展，立体栽培形式主要有袋式、槽式和立柱式等。

吊袋式立体栽培

槽式立体栽培

立柱式立体栽培

　　了解了怎样利用无土栽培种植蔬菜的方法，现在就让我们承担起现代
小菜农的责任，一起制订学习计划，完成我们的任务吧！

我们的学习计划	
我们的任务	设计一份在家中进行蔬菜无土栽培的方案
我们的计划	
可能遇到的困难	
解决的办法	
预期的成果	

完成挑战，除了需要一份完整的学习计划，还需要掌握一些必备的知识和技能，让我们一起来制作一份学习清单。

我们的学习清单	
我们已经知道	1. 无土栽培的类型 2. 蔬菜的生长需要哪些条件 　□空气　□水　□阳光　□营养 3. _____
我们还想知道	
我们打算这么做	

建立团队

一个好的团队能让我们更顺利地完成任务。接下来，我们需要组建一个团队：

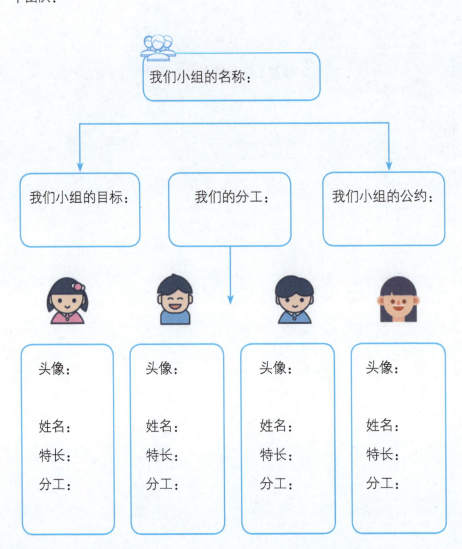

我们小组的名称：

我们小组的目标：

我们的分工：

我们小组的公约：

头像：

姓名：
特长：
分工：

头像：

姓名：
特长：
分工：

头像：

姓名：
特长：
分工：

头像：

姓名：
特长：
分工：

知识乐园

3. 植物生长的必要条件

现代小菜农们，为了利用无土栽培技术种植蔬菜供家庭日常食用，我们决定设计一份蔬菜无土栽培方案。那么，怎样才能更好地完成这个任务呢？我们需要学习相关的知识。

植物的生长也需要"食物"，它们的"食物"有哪些？

植物"食物"图谱

首先是光照，植物通过光合作用生成供植物生长的养分，确保植物健康成长。其次是水分，植物进行光合作用时需要水分，同时植物还可以通过蒸腾作用控制水分的进出，从而调节自身温度，防止叶片被灼伤——温度会影响植物的生长，适宜的温度有利于植物的健康生长，过高或过低的温度都会导致植物死亡。最后，空气是植物进行光合作用和呼吸作用必要的物质。所以，阳光、水分、适宜的温度和空气是植物生长的必要条件。

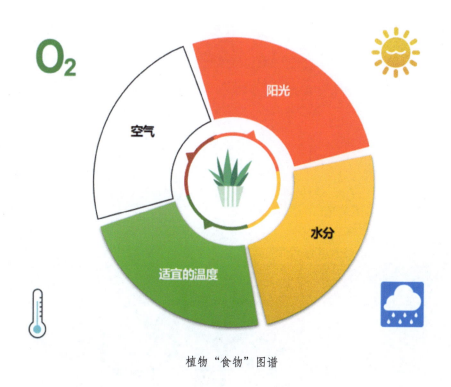

植物"食物"图谱

知识演练场

1. 龙龙打算通过无土栽培的方法种植蔬菜，请你动笔画一画，他需要创设哪些条件，才能为无土栽培蔬菜的健康成长提供保证？（你可以用 ☀ 表示阳光，用 🌡 表示适宜的温度⋯⋯）

2. 知道龙龙需要创设的条件之后，为了更好地在家里进行蔬菜无土栽培，他需要做些什么呢？下面对土壤种植与无土栽培进行比较。

不同的种植方式能满足的条件	土壤中能满足的条件	无土栽培能满足的条件	我们可以怎么做
水分	√	√	—
空气	√	少量	增加_____
养分（营养）	√	—	增加_____

4. 植物器官的作用

想要顺利地在家中进行蔬菜无土栽培，除了知道植物生长的必要条件之外，我们还要了解植物的器官及其作用。只有储备了这些知识，我们才能更好地设计无土栽培蔬菜的方案。

植物有自己的器官，不同器官的作用各不相同，却一样重要。

　　根：根可以将植物固定住，不会让它们东倒西歪。同时，根就像无数条喝水的"吸管"，吸收水分和营养物质，供应植物生长。并且，根部也需要氧气，由于无土栽培中水里的氧气会被根部慢慢吸收，所以，我们在无土栽培蔬菜的时候，可以通过让水循环流动，也可以用加氧棒的方法为根部提供充足的氧气。

根

茎：茎将植物的各个部分连接成一个完整的整体，一方面支撑着植物向上生长，将水和养分传送给叶片，承担着运输的作用，另一方面将叶片制造的营养物质向下传递，运送到植物的其他部位。

茎

叶：叶片主要是利用太阳光把水和空气中的二氧化碳变成营养物质，叶子制造好的营养物质由茎运送至植物的各个部位，帮助植物茁壮生长。

叶

　　植物除了有自己的器官，它们还有生命周期。大多数植物都会经历种子发芽、生长发育、开花与结果的过程，但是不同植物的周期各不相同。

不同蔬菜的生命周期	
豆芽	5～7天
小白菜	约30天
空心菜	35～45天
莜麦菜	40～45天
茼蒿	40～50天
不结球生菜	60～90天
西兰花	80～90天
西红柿	110～170天

 知识演练场

1. 学完这一章节的内容，你收获了哪些知识？走进演练场，标出下面这株植物的器官，并说一说它有什么作用。

2. 观察下面两张图片，想一想和土壤种植的植物相比，无土栽培的植物根部有什么区别，为什么？

土壤种植的植物

无土栽培的植物

5. 立体栽培装置的设计

知道了植物生长的必要条件和植物器官的作用，我们便可以通过创造条件代替土壤在家中进行蔬菜无土栽培。那怎样设计立体栽培装置呢？我们一起学习本课。

在"入项活动"中已经介绍了立体栽培形式主要有吊袋式、槽式和立柱式。现在，我们就以槽式和立柱式装置为例，了解其构造和功能，为我们更好地设计立体栽培装置做好准备。

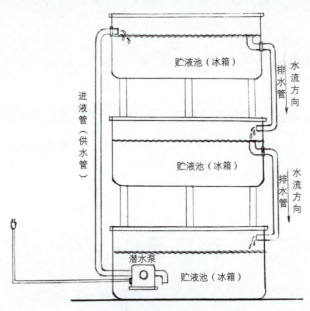

贮液池（冰箱）

进液管（供水管）

水流方向

排水管

贮液池（冰箱）

水流方向

排水管

潜水泵　　贮液池（冰箱）

槽式立体栽培装置

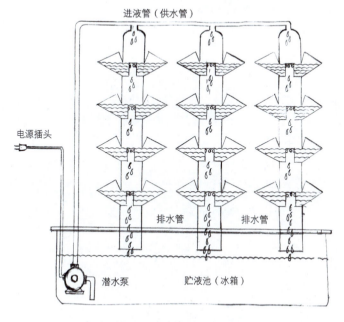

立柱式立体栽培装置

潜水泵是一种用于地下深处提取水源的设备，在此装置中可以提供动力将贮液池（水箱）中的水分/营养液通过进液管（供水管）输送到各个栽培管道中，让水循环流动，为根部提供充足的氧气。植物固定在栽培管道中，其根系可以从栽培管道中吸取水分和养分来满足植物生长所需的条件。排水管可以将水分/营养液及时排回贮液池中，实现立体栽培的循环灌溉。

知识迁移

知道了槽式和立柱式立体栽培装置的各部分构造和功能，我们还需要掌握设计装置所需要的材料及方法。

材料	功能
潜水泵	提供动力的装置
进液管（供水管）/排水管	输送水分/营养液
弯头	连接两根相同的管子，改变水分/营养液的流动方向
三通	连接三根相同的管子，改变水分/营养液的流动方向
贮液池（水箱）	贮存水分/营养液

利用上述材料，我们可以设计不同的立体栽培装置，如：

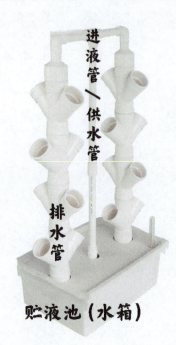

进液管、供水管

排水管

贮液池（水箱）

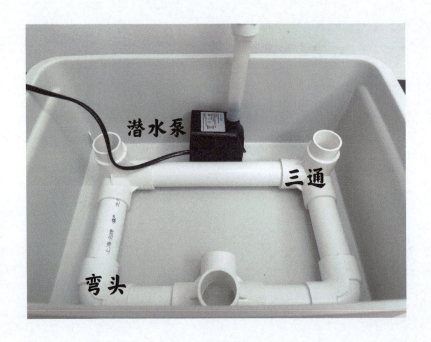

潜水泵

三通

弯头

知识演练场

龙龙打算自己设计一个立体栽培装置，请你帮助他，需要如何设计才能既美观又可以栽培出大量的蔬菜呢？动手画一画。（注意标记出关键部位材料的名称。）

科学探究

6. 什么样的种子才能发芽

经过"知识乐园"章节的学习，你已经掌握了很多有关植物的新知识，这些知识会对你在家中进行蔬菜无土栽培有所帮助。每株植物都是由一粒小小的种子长成的，那么是不是所有的种子都能发芽呢？

在播种前，我们首先会挑选种子，那么什么样的种子才能发芽呢？请你观察下面几种种子，结合生活实际大胆猜一猜：什么样的种子容易发芽？什么样的种子没办法发芽？

虫子咬过的种子

完整饱满的种子

完整饱满、泡发的种子

切半的种子

煮熟的种子

什么样的种子才能正常萌发呢？让我们一起动手探究吧！

🧪 实验材料

这次的种子萌发实验，要准备以下材料：

种子

纸巾

培养皿

水

 **实验步骤**

用四组不同的实验种子进行萌发实验。

第一步：准备四个培养皿，分别贴好标签。

第二步：将准备好的纸巾用清水打湿，平铺于每个培养皿内。

第三步：将不同条件的种子分别放置于湿纸巾上。

第四步：每隔两到三天，观察并记录种子的萌发情况。

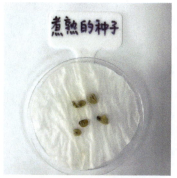

在发芽过程中要注意保持纸巾的湿润，
但也不要一次性倒过多的水，防止种子被水淹没。

 **实验记录**

通过比较不同实验组种子的萌发情况探究种子的萌发条件，记得把观察的结果记录在下面的实验记录表中。

	日期	第1天	第__天	第__天	第__天
种子萌发情况	第一组 完整饱满的种子	萌发__粒	萌发__粒	萌发__粒	萌发__粒
	第二组 煮熟的种子	萌发__粒	萌发__粒	萌发__粒	萌发__粒
	第三组 残缺的种子 （虫害/切半）	萌发__粒	萌发__粒	萌发__粒	萌发__粒
	第四组 完整饱满、 泡发的种子	萌发__粒	萌发__粒	萌发__粒	萌发__粒

我的发现

① 通过上面的种子萌发实验，你认为什么样的种子能够发芽？

_____

_____

② 为什么有些种子不会发芽？

_____

_____

小盘点

本章节我们进行了种子萌发实验，得出了利用无土栽培技术种植蔬菜时，选择完整饱满的、泡发的种子更容易发芽的实验结果。有时，很多贮存在仓库中的种子，先要把它们在水里浸泡一两天，让它们先喝饱水，才能发芽。

知道了如何选种，现在请你从材料包中选择自己喜欢的蔬菜种子，用上面学过的方法开始育苗，为后面蔬菜的无土栽培做好准备。

小菜农决定培植_____蔬菜，

因为：_____。

知识演练场

　　经过这一节课的学习，我们已经知道了完整饱满、泡发的种子更容易发芽，那么在现代化农业中，如何高效地筛选出优质的种子并成功育苗呢？请你想一想并画下来。

7. 无土栽培蔬菜的营养从哪里来

在"知识乐园"章节的学习中，我们知道了植物的根能够吸收土壤中的水分和养分等，供给植物生长。当植物的根系离开土壤时，植物生长所需要的营养从哪里来呢？

结合生活大胆猜一猜：几天后，用哪种方法栽培的植物会生长得最好，请你通过画图的方式来表示。

纯净水

营养液

基质

科学
词汇

基　质

有机基质：草炭、树皮、稻壳等，以一定的比例混合发酵并加入清水，即可为植物生长提供养分。

无机基质：陶粒、浮石、岩棉等，加入营养液后，能给植物提供养分和一定的支持。

营养液

营养液是一种特殊的液体，含有多种矿物质，能代替土壤中的养分，供给植物生长。

几种方法中植物的生长情况如何，让我们一起动手探究吧！

实验材料

探究实验，要准备以下材料：

纯净水

营养液

有机基质（加水）

植物幼苗若干株

实验步骤

纯净水　　　　　　　　　　　营养液

有机基质（加水）

第一步：挑选3株生长状况相似的植物幼苗，分成3组，每组1株幼苗，分别种植到纯净水、营养液和有机基质（加水）中，用网格或海绵等工具固定好植株幼苗。

第二步：把植株放到阳台或其他通风且有阳光的地方，观察植株幼苗的生长情况。

实验记录

5至6天后，比较不同实验组幼苗的生长情况，记得把你们观察的结果记录下来。

请在每个杯子中画出你观察到的植物生长的状态。

我们可以仔细观察植物的高度、叶子的数量和颜色，判断植物的生长情况。

纯净水

营养液

有机基质（加水）

 **我的发现**

① 通过上面的实验，哪一种方法种植的植物生长得最好？

_____

_____

② 为什么纯净水中的植物长得没有另外两种方法中的植物好？

_____

_____

 **小盘点**

　　本章节我们进行了无土栽培营养探究实验，知道了植物可以通过有机基质（加水）或在水中添加营养液的方法代替土壤中的养分。所以，小菜农们，我们在无土栽培蔬菜的时候，可以用基质代替或用定时定量地为蔬菜加入营养液的方法添加养分。

专题活动

8~12. 蔬菜无土栽培

小菜农们，前面我们已经学会了选择完整饱满的种子，也知道了植物可以通过基质或在水中添加营养液的方法代替土壤中的养分。我们还知道植物的根部需要氧气，在无土栽培时，可以通过让水循环流动和用加氧棒等方法为根部提供充足的氧气。现在就让我们大展身手，完成我们挑战的任务。

 **明确任务**

接下来，我们需要明确此次挑战的任务：设计一份蔬菜无土栽培方案，并按照下面的步骤完成设计。

可以按照这样的步骤设计方案。

明确任务 → 设计无土栽培方案

制作无土栽培装置 ← 选择装置材料

无土栽培蔬菜 → 观察蔬菜生长

优化无土栽培方案 ← 制作蔬菜身份证

 设计方案

现在，让我们设计一份蔬菜无土栽培方案，为在家中进行蔬菜无土栽培提供参考。

可以按照这样的思路完成你的设计：

W 我们小组的设计选择了哪种无土栽培形式种植蔬菜？

H 我们选择这种设计的原因是什么？

A 这种设计可以解决什么问题？

T 我们的设计有什么特别之处（创新点）？

蔬菜无土栽培方案

我们采用的
无土栽培形式：

_____

选择的原因：

_____

解决的问题：

_____

我们的无土
栽培装置设计图

用画图的形式配以简单的文字说明，记得重点展示创新之处哦。

 选择材料

　　无土栽培装置的设计图已经完成了，为了验证这种装置的可行性，你可以从材料包中选择需要的材料进行制作，并尝试进行蔬菜无土栽培。请你从材料库中选择你需要的材料，在"我的选择"区勾选你需要的材料并写一写理由。

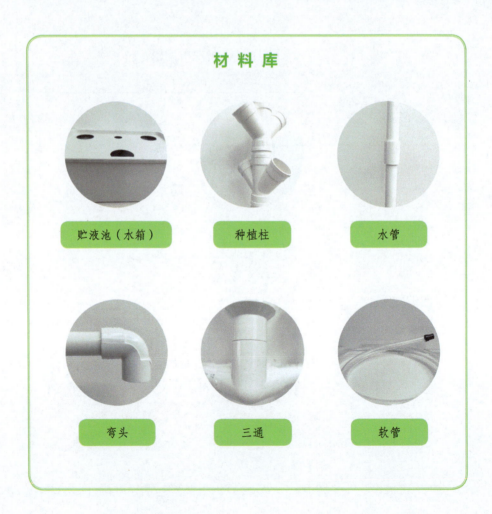

材料库

贮液池（水箱）	种植柱	水管
弯头	三通	软管

潜水泵

定植篮

有机基质

无机基质
（陶粒）

营养液

液位计

我 的 选 择

选择：☐贮液池（水箱）　☐潜水泵　　☐定植篮

　　　☐液位计　　　　☐种植柱　　☐软管

　　　☐弯头　　　　　☐三通　　　☐水管

　　　☐无机基质（陶粒）☐营养液　　☐有机基质

　　　☐其他＿＿＿＿＿＿＿＿＿＿＿＿＿＿＿＿＿

理由：＿＿＿＿＿＿＿＿＿＿＿＿＿＿＿＿＿＿＿＿

　　　＿＿＿＿＿＿＿＿＿＿＿＿＿＿＿＿＿＿＿＿

如果你需要的材料在材料库中没有提供，你还可以在"其他"处写下你需要的材料。

制作装置

材料已经准备好了，接下来请参照你的设计图，开始动手制作无土栽培装置。

你可以按照材料包中说明书的步骤完成无土栽培装置。

也可以按照自己的设计完成无土栽培装置。

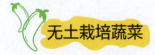

无土栽培蔬菜

幼苗和无土栽培装置都已经准备就绪，可以开始培植蔬菜了。

第一步：在定植篮中放入有机基质/无机基质（陶粒）。

第二步：放入幼苗，把幼苗放在每个定植篮里，保持幼苗直立，相互间要有一定的距离。

第三步：在放入有机基质的装置中加水；在放入无机基质的装置中加入营养液。

第四步：摆放，要把无土栽培蔬菜摆放在有阳光、通风的地方，为蔬菜的生长提供良好的环境。

观察蔬菜

小菜农们，在细心养护自己的蔬菜时，也要留心观察，记录它的点滴变化，更有助于你们验证无土栽培装置的可行性。

观察植物除了用眼睛"看"，我们还可以用手"摸"、用鼻子"闻"。灵活地运用眼睛、鼻子和手可以获得更多的观察信息。

感官	观察信息	记录方法
	看一看叶子的颜色 数一数叶子的数量 量一量植株的高度	文字 拍照 绘画
	摸一摸光滑/粗糙程度	文字
	闻一闻味道	文字

小菜农华华种了几株空心菜，他是这样观察记录的：

水培蔬菜 小菜菜(昵称) 观察记录表			
日期	记录者	画图/拍照	文字(简单描述)
6月20日	华华		今天,我的小菜菜们长出了四片细长的叶子,嫩绿色的.植株有11厘米高了,我会好好照顾它们.

小菜农们，你们学会了吗？现在，让我们按照小菜农华华的方法，细心观察，认真记录，开始我们的观察之旅。

无土栽培蔬菜____（昵称）观察记录表			
日期	记录者	画图/拍照	文字 （简单描述）
___月___日 （每三天观察1次）			
___月___日			
___月___日			
___月___日			
___月___日			

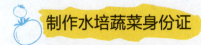

制作水培蔬菜身份证

小菜农们都已经拥有了自己的无土栽培蔬菜，通过一段时间的观察，我们对它越来越了解，现在请你帮它制作身份证，让更多的小伙伴了解你的蔬菜。

第一步：在A4纸上画出植物的样子，并涂上漂亮的颜色。

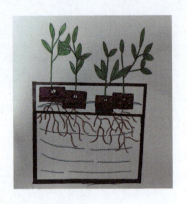

第二步：用剪刀将所绘的植株裁剪下来。

第三步：填写蔬菜的身份信息。

样子（画图/拍照）

名称：

昵称：

生日：

主人：

功效：

第四步：将剪裁下来的彩绘植物也粘贴在A4纸上。

优化方案

经过前面的专题活动，我们设计了蔬菜无土栽培方案，选择材料包中的材料进行无土栽培装置的制作，并进行蔬菜无土栽培。我们一起搜集在培育过程中遇到了哪些问题。

小调查

请你采访两位小菜农，把他们遇到的问题记录下来：

我自己的问题：

小菜农____的问题：

小菜农____的问题：

我们一起来讨论，探究解决的办法。

我们小组的蔬菜，茎又细又高……

我们小组的蔬菜，根部出现腐烂的现象……

经过大家的讨论，出现的问题主要集中在两个方面，现在就让我们邀请农业小博士龙龙帮我们一起解决难题。

问题一：根部出现腐烂

农业小博士龙龙答疑解惑

小菜农们，通过前面的学习，你们已经知道植物在生长过程中，根是需要氧气的。如果根部缺氧，就会容易腐烂，导致植物死亡。所以，在培育过程中，我们要注意做到以下几点：

1. 让根部保持充足的氧气。

2. 及时处理已经坏掉的根。

3. 不要让植物的根系完全浸泡在水中。

问题二：叶子发黄萎靡

农业小博士龙龙答疑解惑

　　植物在生长过程中需要一些微量元素，我们使用的基质/营养液中含有这些物质。但是，在我们培育植物的过程中，这些营养元素并非越多越好。营养元素的含量过多或过少都会影响植物的生长状况，甚至导致死亡。所以，我们在培育过程中要控制好营养液的用量。

在蔬菜无土栽培的过程中，小菜农们还遇到了哪些问题？把它们写下来，通过小组合作一起来讨论吧！

我们遇到的问题：

农业小博士龙龙答疑解惑

问题的原因：

解决办法：

为了防止以上问题，我们可以对自己的蔬菜无土栽培方案进行优化，增加无土栽培装置的功能。

蔬菜无土栽培方案优化		
原来的设计：	优化后的设计：	增加的功能：
解决了哪些问题：		

成果展示

13. 无土栽培发布会

　　在小菜农们的思考与实践下，我们成功完成了蔬菜无土栽培方案设计的任务。现在终于到登台亮相的时候了，我们的无土栽培发布会马上开始。

　　请各位现代小菜农做好准备！

 规则讲解

我们的发布会分为汇报准备、展示评价、总结反思三个环节。

汇报准备环节需要你团结组员，设计汇报思路与方式，对你们小组蔬菜无土栽培的任务做一个全面而细致的总结。

在展示评价环节展示自己蔬菜无土栽培的方案并进行详细解说。结合任务的完成度和设计的可行性，对自己和其他组的成果做出公正合理的评价。

在总结反思环节，我们要总结优点和收获，反思缺点和不足。

温馨小贴士

说：

按照顺序说，能把自己的想法说清楚。

听：

记住主要信息，有不明白的地方要有礼貌地提问。

 汇报准备

在汇报开始前，请做好以下

准备：

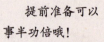 提前准备可以
事半功倍哦！

（1）展示成果：蔬菜无土

栽培方案/装置；

（2）展示方式：轮流上台；

（3）展示时间：5分钟；

（4）展示要点：

① 你们的设计选择了蔬菜的哪种无土栽培方式？

② 选择这种设计的原因是什么？

③ 这种设计解决了哪些问题？

④ 在对植物的观察中你发现了什么问题？

⑤ 发现问题后你对设计进行了哪些优化？

⑥ 通过这次设计，你对未来的城市种植有什么想法？

为了让大家的分享更有条理，小菜农们可以通过补充关键词/图画的方式完成下面的思维导图，并根据步骤进行分享。

分享思路：

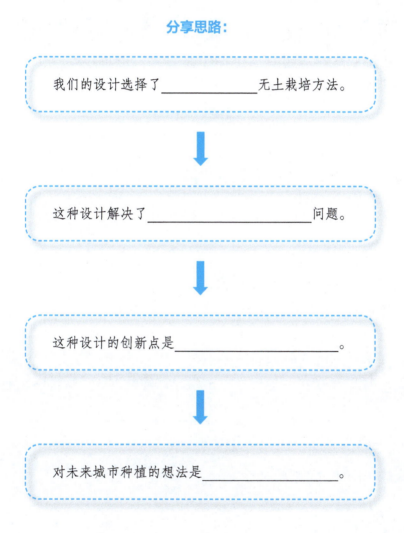

我们的设计选择了＿＿＿＿＿＿＿无土栽培方法。

这种设计解决了＿＿＿＿＿＿＿＿＿＿问题。

这种设计的创新点是＿＿＿＿＿＿＿＿＿。

对未来城市种植的想法是＿＿＿＿＿＿＿＿。

带上你们的介绍思路，勇敢地站上讲台为大家介绍自己无土栽培的蔬菜吧！

展示评价

其他小菜农介绍自己的蔬菜无土栽培方案时，也请你认真倾听，对照下面的评价指标，评出你认为表现最佳的现代小菜农，把手中的🌱贴纸奖励给他。

小菜农点评表

评价要素	自评	小组评
1. 你能听清楚小菜农的介绍吗？	🌼🌼🌼🌼🌼	🌼🌼🌼🌼🌼
2. 蔬菜无土栽培方案的设计是否具有可行性？	🌼🌼🌼🌼🌼	🌼🌼🌼🌼🌼
3. 蔬菜无土栽培方案的设计创意如何？	🌼🌼🌼🌼🌼	🌼🌼🌼🌼🌼
4. 蔬菜无土栽培方案的设计是否能解决未来城市的种植问题？	🌼🌼🌼🌼🌼	🌼🌼🌼🌼🌼

你打算把🌱纸奖励给_____，因为_____

_____

小菜农们，我们此次的活动即将结束，请你统计一下，此次发布会中，你和你的伙伴们共获得了多少❀、多少🥕。

	❀数	🥕数
我们小组获得	（　　）个	（　　）个
你对小组获得的票数满意吗？为什么？		
获得最多的是	（　　）个	（　　）个
获得最多票数的小组有哪些地方值得你们学习？		

 **总结反思**

在这一次的蔬菜无土栽培的项目活动中，你收获了什么？让我们一起回顾一下吧：

1. 在这次项目活动中，我能制订学习计划，按照计划开展活动吗？

☐能　　☐不能

2. 在这次项目活动中，我能认真学习相关知识，并运用到活动中吗？

☐能　　☐不能

3. 在这次项目活动中，我能主动参与探究，遇到困难主动思考解决的办法吗？

☐能　　☐不能

4. 在这次项目活动中，我能勇敢展示成果，懂得评价自己和同学吗？

☐能　　☐不能

5. 在这次项目活动中，我能和小组成员分工合作，承担自己力所能及的事情吗？

☐能　　☐不能

6. 在这个活动中，哪件事情让你印象深刻，请你记录下来：

事情：＿＿＿＿＿＿＿＿＿

＿＿＿＿＿＿＿＿＿＿＿＿＿

＿＿＿＿＿＿＿＿＿＿＿＿＿

＿＿＿＿＿＿＿＿＿＿＿＿＿

＿＿＿＿＿＿＿＿＿＿＿＿＿

我的心情：

场景再现：

我的感受：

拓展空间

14. 无土栽培的发展

经过了一段时间的蔬菜无土栽培活动探究，你对无土栽培已经比较了解了，你更喜欢在土里种植蔬菜还是利用无土栽培方式种植蔬菜呢？为什么？

我喜欢在土里种植（　　），因为： 1. 2. 3.	我喜欢无土栽培，因为： 1. 2. 3.

无土栽培是现代农业的发展趋势，无土栽培有哪些优点，有哪些可改进的地方，无土栽培的未来发展如何，让我们一起学习本章节的内容。

无土栽培的现状

我们国家的无土栽培已有悠久的历史，如生豆芽、船上种菜（南方船户在船尾随水漂流一个竹筏，加缚草绳的装置，实现在水面栽培空心菜）、盆中盛水养水仙等都是原始的无土栽培。近几年来，无土栽培取得了一系列科技成果，无土栽培技术广泛地运用于农业中，无土栽培的面积也不断扩大。

接下来，我们一起来看两个利用无土栽培技术种植蔬菜的案例吧！

案 例 一

甘肃省酒泉市无土栽培技术种植蔬菜的案例	
栽培地的 土地特征	中国西北地区土壤贫瘠、缺水，土地盐渍化严重，非耕地居多
使用的基质 及栽培方法	主要基质有蛭石、珍珠岩、炉灰渣、碎秸秆、牛粪等 建造温室大棚，在棚内搭建种植槽，放入相应的基质，即可种植蔬菜，利用滴灌系统进行浇灌
主要栽培作物	主要种植无公害蔬菜瓜果等
取得的成果	符合现代循环农业理念，实现了非耕地的农业开发利用，将不毛之地变成优质蔬菜生产基地，带动当地农民增收致富的同时也取得了良好的社会效益和生态效益

案 例 二

	雪山上的植物工厂
栽培地的环境特征	某边防哨所冬季的平均气温零下20℃，新鲜蔬菜只能靠空运补给，一旦遇到大雪封山或者恶劣天气，补给之路就会中断
移动式植物工厂	在密闭的空间中，采用现代农业种植方式，不受自然条件约束，模拟人工光照，安装自动补气装置，利用无土水培技术，根据蔬菜生长需要，精准控制营养供应量，缩短植物生长周期，更节约能源
主要栽培作物	主要种植叶菜类
取得的成果	占地30平方米的集装箱，五层立体栽培，循环种植一年，可收获600千克左右的蔬菜。有了自己的蔬菜工厂，无论是在海拔四千多米的高原上，还是大雪封山的漫长冬季，官兵们随时都可以吃上蔬菜火锅，解决了特殊环境下蔬菜种植的问题

　　无土栽培还有许多优势，请你根据自己这段时间的活动体验，写一写吧。

> **无土栽培还有哪些优势：**

　　虽然无土栽培有许多优势，但是也有不足之处，例如设备的投资高，运行成本高，对技术要求高，等等。这些因素都在一定程度上阻碍着这种技术的普及。你有什么好的建议可以解决这些问题，让无土栽培技术的未来发展更好吗？

无土栽培的未来

在此次的蔬菜无土栽培项目活动中，你发现无土栽培有哪些需要改进的地方，请你写下来吧。

无土栽培还有哪些需要改进的地方：

　　无土栽培技术不仅提高了土地的利用率和单位面积的产量，同时也节约了土地资源和水资源，为实现全球生态化发展做出了一定的贡献。当然，无土栽培技术仍在发展中，仍须不断地改进，随着5G技术、机器人以及人工智能的快速发展与普及，未来人类利用无土栽培的手段将更加多样化、智能化与精确化。

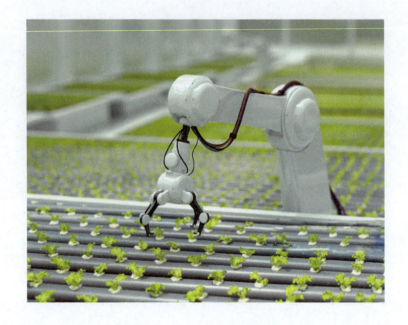

　　未来，无土栽培充满着无限的可能，请你根据刚才罗列的需要改进的地方，发挥想象，在下面的方框中大胆谈一谈你对无土栽培的未来畅想。你的想法很有可能会变成现实。一切皆有可能！

对无土栽培未来的畅想

可以通过图文并茂的
形式进行创作，记得把
你的想法分享给大家。